人人学茶

平阳黄汤百问百答

叶丽琴　谢前途　主编

TEP 旅游教育出版社
·北京·

图书在版编目（CIP）数据

平阳黄汤百问百答 / 叶丽琴，谢前途主编．--北京：旅游教育出版社，2022.4

（人人学茶）

ISBN 978-7-5637-4394-0

Ⅰ.①平… Ⅱ.①叶… ②谢… Ⅲ.①茶叶－平阳县－问题解答 Ⅳ.①TS272.5-44

中国版本图书馆CIP数据核字（2022）第048727号

平阳黄汤百问百答

叶丽琴　谢前途　主编

策　　划	赖春梅
责任编辑	赖春梅
出版单位	旅游教育出版社
地　　址	北京市朝阳区定福庄南里1号
邮　　编	100024
发行电话	（010）65778403　65728372　65767462（传真）
本社网址	www.tepcb.com
E-mail	tepfx@163.com
排版单位	北京卡古鸟艺术设计有限责任公司
印刷单位	天津雅泽印刷有限公司
经销单位	新华书店
开　　本	850毫米×1168毫米　1/32
印　　张	3.5
字　　数	51千字
版　　次	2022年4月第1版
印　　次	2022年4月第1次印刷
定　　价	39.00元

（图书如有装订差错请与发行部联系）

编委会

（按姓氏笔画排名）

目 录
CONTENTS

第一篇　简介及历史

第三篇 冲泡及茶艺

第四篇　品质及储存

第五篇　保健及功效

第六篇　市场及政策

附录

平阳黄汤百问百答

第一篇

简介及历史

1 平阳县产茶历史如何?

平阳县地处温州之南,气候温润,雨水充沛,土壤肥沃,生态资源丰富,是浙江省传统老茶区,被《浙江省茶叶区划》列为茶叶生产最适宜地区。平阳产茶历史悠久,至今已有1400余年。早在唐代,平阳就已产茶,《唐书·食货志》载:"浙产茶十州,五十五县,有永嘉、安固、横阳、乐城四县名。"横阳即现在的平阳。宋代平阳茶叶种植迅速发展,全国各州设置茶场,而温州的茶场则设置在平阳,据《宋史》等史料记载,宋崇宁元年(1102年)在平阳设置了专管茶叶的机构,实施"禁榷法",收缴茶税。元代中期,统治者注重农桑生产,平阳茶叶名气大增,至明代,蔡家山茶声名远播,清代"平阳黄汤"被纳为贡茶。

2 平阳黄汤是什么茶? 是绿茶吗?

绿茶、黄茶、白茶、红茶、黑茶、青茶(乌龙茶)六大茶类的分法是安徽农业大学陈椽教授提出的,主要分类依据是加工工艺。平阳黄汤有闷黄工艺,属于黄茶类,不属于绿茶。

③ 历史上什么时候开始有黄茶？

历史上出现的黄茶有两种类型。最早记载的黄茶指的是茶树品种特征，即茶树生长的芽叶自然显露黄色。如唐代享有盛名的黄茶有安徽寿州黄芽和作为贡茶的四川蒙顶黄芽，都属于此类黄茶。另一种黄茶是炒制过程中采用闷黄技术的工艺黄茶，始制于明代隆庆年间（约公元1570年前后），距今已有四百多年历史。炒青绿茶生产过程中，杀青后或揉捻后不及时干燥或干燥程度不足，叶质变黄，苦涩味减轻，滋味更醇和也更易保存，后经人们进一步探索、发展，形成"闷黄"工艺。

④ 平阳黄汤茶名字有何由来？

平阳黄汤名字组成样式：地名＋品质特征。平阳黄汤，汤色杏黄，口感浓厚醇和，有别于原来本地生产的传统绿茶，命名黄汤。产于平阳，故称平阳黄汤。

5 平阳黄汤贡茶历史是怎样的?

平阳黄汤始制于明末清初(闷黄工序大约产生在1591年,见《温州茶史》154页),乾隆年间纳为贡品,《清代贡茶研究》记载:"浙江岁贡黄茶二十八篓,每篓八百包,由户部转送,茶库验收。"(见中国第一历史档案馆《奏案05-0843-007:奏为酌议浙省应解黄茶碍难改折价银事,同治七年正月初八日》)。乾隆三十六年(1771年),茶库给巡热河的乾隆御备六安茶六袋、黄茶二百包、散茶五十斤。当时浙江除了平阳之外,没有其他地方生产黄茶,因此其中所记载的浙江进贡的黄茶,应该就是平阳黄汤。

6 平阳黄汤的加工工艺失传过吗?

平阳黄汤作为乾隆贡品,民国时期,每年尚有千余担销往北京、天津、上海、营口一带,甚至远销海外。20世纪五六十年代,受"黄改绿"影响产量下降,但民间一直有技艺的延续。20世纪80年代初,技术人员和民间匠人林平、卢立浣、吴全和、钟维标、谢前途等挖掘平阳黄汤加工工艺。1982年恢复规模化量产。2012年平阳县天韵茶

叶有限公司平阳黄汤走上品牌化道路,让历史名茶重新光
彩四射。参见附录1《平阳黄汤大事记》。

❼ 目前平阳黄汤产业规模如何?

　　截至2021年平阳县有涉茶企业(家庭农场、合作社)
100多家,其中已取得SC认证的企业11家,掌握平阳黄汤
生产技术的20多家。平阳黄汤年产量140吨,产值1.2亿
元。(平阳县茶园总面积5.1万亩,总产量600多吨,总产
值3.5亿元)。平阳黄汤体量相对来说不算大,优势在于精。
参见附录2《平阳黄汤主要生产企业》。

❽ 平阳黄汤主要产区在哪里,地理环境如何?

　　平阳黄汤主产于平阳县水头、鳌江、闹村、腾蛟等乡
镇。平阳属亚热带季风气候,四季分明,虽隆冬而恒煖,
平均气温在17℃左右,平均年降雨量约1800mm,土壤pH
值以酸性与微酸性为主,有机质丰富。得天独厚的地理环
境,尤其适宜茶树的生长。比如水头朝阳山峰峦起伏、溪

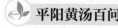

流纵横、云雾缭绕，平均海拔450m，所产茶叶品质优异。

9　"蔡家山茶"和平阳黄汤有什么关系？

平阳县鳌江镇蔡家山海拔387m，古名仰天荷、天河社。南宋年间，原居城南旸岙的蔡氏德修公率家迁入鳌江天荷社，该地由此得名蔡家山。明弘治《温州府志》称："茶，五县具有之。惟乐清县雁山者最佳，入贡，而瑞安湖岭、平阳蔡家山所产者亦佳焉。"明代"平阳蔡家山茶"选列为全省主要名茶，说明那一时间平阳蔡家山茶已声名远播。彼时蔡家山茶是绿茶，现在也用蔡家山的鲜叶原料制成平阳黄汤。

10　目前制作平阳黄汤的茶树主要品种有哪些？

平阳县现栽培的品种以平阳特早茶、嘉茗1号（乌牛早）为主，另有少量的黄金叶、黄金芽、迎霜、白叶1号、龙井43、中茶108、金观音、福鼎大白、本地群体种等，用于品质调剂和拼配用。目前适制平阳黄汤，品质表现优

异的品种有：平阳特早茶、嘉茗1号（乌牛早）、本地群体
种，其中平阳特早茶品质最佳。

⑪　平阳黄汤有什么独特之处？

　　每一款茶，都是独一无二的。从地理环境到品种栽培
再到加工技艺，平阳黄汤的每一个环节都有独到之处。平
阳的土壤、气候、温度、降水等各项指标都非常有利于产
茶。平阳又有一个由本地选育的浙江省优良品种平阳特早
茶。该品种被育种专家刘祖生教授誉为"国内罕见的适制
名优茶的品种"。品质更是"三黄一香"与众不同，平阳黄
汤又以多次闷烘、闷黄程度最高而傲立黄茶界。

⑫　平阳黄汤的名人故事有哪些？

　　元代大画家黄公望，好茶，推崇"以茶入丹，以茶助
静，以茶健体"。由洪玉畅编写的新编历史故事《黄公望妙
题"平阳黄汤"》把平阳的名人与名茶联系在一起。
　　关于平阳黄汤在清朝乾隆年间成为贡茶，民间传说有

很多版本，乾隆皇帝钦定"平阳黄汤"成贡茶，就是其中的一个版本。由洪玉畅编写的新编历史故事《乾隆皇帝钦点"平阳黄汤"成贡茶》，将乾隆第四次南巡，与时任浙江巡抚熊学鹏和平阳知县何子祥等历史人物串联一起，写作成生动活泼的故事。

嘉庆初年腾蛟的茶商苏振音，将南雁荡山所产的平阳黄汤运至鳌江港的江口镇销售，发家致富，成为一代巨贾，民间至今传说着他为迎娶杨氏小姐建"红楼"的故事。

平阳民间流传着共和国第一大将粟裕与平阳黄汤的故事。在洪玉畅的《粟裕大将与平阳黄汤的故事》和庄千慧的《黄汤茶香系深情》中讲述了粟裕进驻山门大屯时犯了肠胃病，在山门街地下党员林仰持建议下饮用平阳黄汤，病得医治的故事。

第二篇

栽培及加工

⑬ 我国除平阳黄汤之外还有哪些黄茶?

平阳黄汤与君山银针、蒙顶黄芽、霍山黄芽并称中国四大传统黄茶。现在黄茶联盟家族又添了新成员：莫干黄芽、远安鹿苑、金寨黄大茶，并称七朵金花。黄茶的共同特点是都需经过闷黄，由于湿热作用引起多酚类化合物的非酶性氧化、叶绿素等其他物质的缓慢转化，形成黄茶的金黄色和醇和的滋味。

⑭ 平阳黄汤和其他黄茶加工工艺有什么区别?

一、平阳黄汤：杀青→揉捻→闷黄→初烘→多次闷烘→烘干。

二、君山银针：杀青→初烘→初包→复烘→复包→足火。

三、蒙顶黄芽：杀青→初包→复炒→复包→三炒→摊黄→四炒→烘焙。

四、霍山黄芽：杀青→锅揉→初烘→闷黄→复火。

五、莫干黄芽：杀青→揉捻→加温闷黄→初烘→做形→足干。

六、金寨黄大茶：杀青→揉捻→初烘→闷黄→足烘（拉小火+拉老火）。

七、远安鹿苑：杀青→炒二青→闷堆→拣剔→炒干。

⑮ 平阳黄汤与其他黄茶在产地和品种上有哪些不同？

名称	平阳黄汤	君山银针	蒙顶黄芽	霍山黄芽	莫干黄芽	金寨黄大茶	远安鹿苑
产地	浙江平阳	湖南岳阳	四川蒙顶山	安徽霍山	浙江德清	安徽霍山	湖北远安
主要品种	平阳特早	楮叶种	四川中小叶群体种	霍山金鸡种	鸠坑种	金鸡种	本地群体种

16 平阳黄汤与其他黄茶在品质上有哪些不同？

名称	平阳黄汤	君山银针	蒙顶黄芽	霍山黄芽	莫干黄芽	金寨黄大茶	远安鹿苑
外形	细紧纤秀，显黄带毫	芽头壮实笔直，匀齐，茸毛披盖	扁平挺直，嫩黄油润，匀净	雀舌匀齐，嫩绿微黄，披毫	细紧微卷，黄绿显毫	梗壮叶肥，叶片成条，色深黄显褐，油润	谷黄色（略带鱼子泡），白毫满披，条索环状（环子脚）
汤色	杏黄明亮	杏黄明澈	浅杏绿，明亮	嫩绿鲜亮	嫩黄	深黄显褐	绿黄明亮
香气	清高幽远	高纯	甜香馥郁	清香持久	清甜	高爽锅巴焦香	清香持久
滋味	甘醇爽口	甘爽	鲜爽甘醇	鲜爽回甘	甘醇鲜爽	浓厚醇和	醇厚生津，甘凉绵长
叶底	嫩黄明亮	嫩匀，黄软明亮	黄亮鲜活	嫩黄绿，明亮	嫩黄成朵，明亮	黄中显褐	嫩黄匀整、纯净

17 平阳黄汤大约在什么时间采摘？

　　平阳黄汤产品特色明显，采制十分精细。在惊蛰前后开采，采摘时要求芽叶形状、大小、色泽一致，严格做到

"四不采"，即无芽不采、虫芽不采、紫芽不采、霜冻芽不采。采回的芽叶及时摊放，及时加工。

⑱ 平阳黄汤都有什么采摘等级？

历史上黄茶分为黄大茶、黄小茶、黄芽茶，平阳黄汤属于黄小茶，采摘一芽二叶左右标准鲜叶制作。茶叶分类国家标准（GB/T30766-2014）和黄茶国家标准（GB/T21726-2018）均将黄茶分为芽型、芽叶型、多叶型三类，其中芽型黄茶的鲜叶规格为单芽或一芽一叶初展。单芽、一芽一叶初展、一芽二叶及以上，平阳黄汤均有采制。

⑲ 制作1公斤平阳黄汤干茶需要多少公斤茶鲜叶？

平阳黄汤因品种、含水量和采摘嫩度等不同，鲜叶制成干茶的比例略有不同，总体约5∶1，即5公斤左右鲜叶制1公斤干毛茶。

20 平阳黄汤的发酵程度是多少?

平阳黄汤属于微发酵茶,是黄茶的品种之一,黄茶的发酵度介于10%~20%。(微发酵:绿茶0%、白茶5%~10%;半发酵:乌龙茶15%~70%;全发酵:红茶70%~90%;后发酵:黑茶,发酵度随时间会变化。)平阳黄汤发酵程度约15%。

21 平阳黄汤随闷黄程度、时间长短、闷堆厚度等不同而呈现的品质有哪些变化?

闷黄的过程是青气逐渐消退、苦涩味逐渐转变为醇和的过程,同时也是闷味逐渐加重的过程。随着时间的延续,闷黄程度逐渐加重,品质呈现的是抛物线上升后又下降的过程,所以把握闷黄程度成为了关键——不足有青气,且苦涩,过了闷味重,滋味淡薄。堆闷的厚度与品质也是直接关联,堆闷过薄,无法形成颜色的黄变和品质的醇和转变,堆闷过厚容易闷黄不匀,外干内湿,内部闷味过重。

22 平阳黄汤为什么要闷黄？

　　平阳黄汤的闷黄工艺也不是自古就有，而是在历史的机缘巧合中形成的：在加工和保存技术都不成熟的古代，在加工过程中茶叶受潮堆闷而不知，茶农阴差阳错的失误，让这种黄变了的不苦涩的绿茶意外受到了人们的欢迎。后经研究和特意模拟失误环境而产生了闷黄工艺。明代闻龙《茶笺》在记述绿茶制作时说："炒时，须一人从傍扇之，以祛湿热，否则色黄，香味俱减。扇者色翠，不扇色黄。炒起出铛时，置大瓮盘中，仍须急扇，令热气稍退……"这是制茶中关于色泽黄变现象的最早记载。同时，闻龙也对黄变的原因，防止黄变的措施，黄变对绿茶质量的影响作了正确的阐述。随着制茶技术的发展，人们进一步发现，在湿热条件下引起的"黄变"，如果掌握适当，也可以用来改善茶叶香味，闷黄的重要作用就是颜色黄变的同时去除苦涩味，使得口感醇和。

23 平阳黄汤闷烘的次数、时间及温度怎么把握？

平阳黄汤看茶做茶，结合天气、温度、风向等实际情况进行闷烘，一般三次闷烘，最多可达九次，每次闷黄的时间3~12h不等，叶温控制在30℃~45℃之间。

24 平阳黄汤鲜叶摊青需要多长时间？

摊放时间：视天气和原料而定，一般10～12h，最多不超过20h。晴天、干燥天气时间可短些，阴雨天可相对长些。高档叶摊放时间应长些，中档叶摊放时间短些，掌握"嫩叶长摊、中档叶短摊"的原则。

达到程度：以叶面开始萎缩，叶质由硬变软，叶色由鲜绿转暗绿，清香显露，含水量降至（70±2）%为适度。

25 平阳黄汤杀青程度怎么把握？

为了降低含水量，更有利于把握下一步闷黄的程度，平阳黄汤杀青比绿茶杀青更透更重。名茶多用机投，投叶量50g/次，温度设置200℃左右，杀青5~7min。

㉖　黄茶干闷与湿闷的区别是什么？

湿闷指揉前和揉后堆积闷黄；干闷指初烘后和再烘时堆积闷黄。湿闷时间在几十分钟到几个小时，干闷是要48到120个小时之间。在黄茶中，平阳黄汤的闷黄时间最长，需2~5天，而且最后还要进行闷烘，黄变程度较充分。

㉗　平阳黄汤用什么材质容器进行闷黄？

闷黄所用的材料从油纸、绵纸到纱布、缸、桶等各有不同，闷黄主要考虑堆积的效率和品质的均匀。传统的平阳黄汤用棉布＋木桶，现在随着技术的改进，闷黄亦采用清洁卫生且有利颜色均匀的不锈钢材质。

28 平阳黄汤第一次闷黄需要多长时间？

一般一闷 3~6h（厚度 30cm~40cm，叶面温度 35℃~45℃，相对湿度为65%~75%）。实际操作过程中考虑成品色泽与口感的取舍，适当的有所调节，闷黄温度高则时间更短，更容易均匀，也更不易有清透的鲜爽口感。闷黄温度低则时间更长，口感更鲜甜，而颜色难呈现均匀鲜活的黄色。具体时长还得看茶做茶。

29 平阳黄汤是不是闷烘次数越多越好？

结合品质表现，从工作量和可操作性的角度，地方操作规范推荐三闷三烘。次数多了工作量大，且次数过多会使内含物消耗大，品质亦下降。且越后面茶叶越干，闷黄的程度把握难度越大。次数不足则颜色绿，有青气，口感接近绿茶。

30 怎么解决平阳黄汤滋味偏"淡"的问题？

在深刻理解"淡"的概念后参考第60题的解答，我们再来讨论如何提高刺激度和丰富度。

改善方案：第一，采摘叶粗老，粗老叶口感重（一芽二三叶的黄大茶）。第二，品种改良，更换内质丰厚刺激性强的品种栽培。第三，工艺改良，融入保留香和味较高的青茶工艺。话说回来，平阳黄汤之所以是平阳黄汤，也正是因为其独特的品种和工艺，不能一味地迎合部分人而失去本来的特色。

31 平阳黄汤"提香阶段"要注意什么？

在很多茶农的认知里，"提香阶段"相当于干燥阶段后期，最后一次烘干被越来越多地称呼为"提香"，"提香"遂成为新名词。干燥阶段后期的烘干工序以适度为第一注意事项。烘干机进风口温度110℃～120℃，摊叶厚度4～5cm，时间3～4min，烘至足干时下烘。

32 平阳特早茶的品种是怎么选育的，有什么
特性？

该品种具有发芽特别早（阳历二月中、下旬开采）、属
灌木型中叶类、无性繁殖生长、适应性强、适制性广、成
品茶香气高等特点。

1989年秋，平阳县农业科技人员林平、杨莹琳在进行
品种茶树资源调查时，在海拔528m的大坪山上发现发芽特
别早当地人叫"早茶儿"的本地群体种茶树，后经近10年
时间单株选育，成功选育成省级茶树良种——平阳特早茶。
1998年5月4日，该品种通过浙江省农作物品种审定委员会
认定，被全国茶树育种权威浙江大学茶学系博士生导师刘
祖生教授等茶叶专家认定为"国内罕见的开发名优早茶的
珍贵品种资源"。平阳特早现已成为平阳县茶树当家品种，
也是目前平阳黄汤最适制品种。

33 平阳特早茶这一品种具无花无果的特点吗？

平阳特早茶无花无果。植物生理学上有两个概念分别
是生殖生长和营养生长。营养生长是生殖生长的物质基础，

没有健壮的营养生长，就难有植物的生殖生长，生殖器官的发育所需的养料主要靠营养器官供应。营养器官的生长也要消耗大量的营养，常与生殖器官的生长发育出现养分的竞争。一般茶叶存在非常特殊的"抱子怀胎"现象：花芽分化6月份形成，10~11月盛开，直到次年霜降前后果实才成熟，每年5~11月人们可以在同一株茶树上既能看到当年的花和蕾，又能见到上年的果实和种子。也就是说开花结果一整年都在和营养生长争养分，而茶的主要经济价值来自于营养生长的芽或叶，所以无花无果的平阳特早茶有点像丁克，没有孩子分散时间和精力，有更多的精力投入工作和生产，从这个角度上说对产量是一个优势。为何平阳特早茶无花无果尚无定论，有专家猜测是基因缺失的原因。

34 平阳特早茶成林的茶园，树冠如何管理？

茶树修剪按照程度分为：轻修剪、深修剪、重修剪、台刈。轻修剪在上年剪口基础上提高3~5cm平剪；深修剪，减去树冠上部10~15cm或离地80cm平剪；重修剪一般剪去树冠的1/3~1/2；台刈离地15cm锯或剪掉全部枝干。一般壮年期茶树采用轻修剪或深修剪，衰老茶树采用重修剪或台刈。平阳特早因栽培时较密，自身长势较强，为了来年的持嫩性更强，每3~4年台刈一次，之后每年逐增10cm，重修剪。

35 平阳黄汤有没有用夏秋茶原料制作？

从原料充分利用的角度考虑，夏秋茶确实可以做平阳黄汤，但从品质的角度考虑，夏秋茶品质一般不及春茶，且长期制作夏秋茶有可能导致茶园过度采摘，亦会影响春茶的品质，目前平阳县没有用夏秋茶制作的平阳黄汤。

36 怎么样提高平阳黄汤滋味的醇厚度？

这是一个看似单一答案却处处皆是答案的问题。醇度可以理解为和谐度或者协调度，厚度则可理解为内含物丰富度。影响平阳黄汤协调度的原因很多，从采摘到运输到加工的每一个时间节点，只有每一步都恰到好处才能呈现最终的协调和谐。厚度最直接关联的是闷黄的程度，随着

闷黄时间的变化其浓度呈现由低变高再下降的规律。简言
之，想做"浓而不涩，厚而甜醇"的平阳黄汤只有一个秘
诀：恰到好处。

37　平阳黄汤为什么偶尔有闷气？

造成闷气，感觉香气和滋味沉闷而不清爽的主要原因，
是闷黄工艺中处理不当。雨水叶、露水叶等缘故而导致闷
黄茶坯含水量偏高，或闷黄时间偏长，导致茶叶产生明显
的闷气。

38　平阳黄汤的醇和感从何而来？

平阳黄汤水溶性多酚类化合物含量与红茶、绿茶相比，
低于绿茶而高于红茶。平阳黄汤经过杀青，酶失活，与多
酚类化合物氧化产物的结合能力减弱，不像红茶发酵那样，
多酚类化合物的酶促氧化产物与氨基酸大量结合。特别是
在干热作用下，结合性的多酚类物质裂解，转化为可溶性
多酚类化合物，同时发生异构化，黄烷醇类发生异构化和

热裂解，简单黄烷醇类增加，使平阳黄汤茶汤滋味浓醇。

㊴ 平阳黄汤有哪些深加工产品？

深加工产品有平阳黄汤酒、平阳黄汤面、平阳黄汤年糕、平阳黄汤茶点、平阳黄汤奶茶、平阳黄汤调饮茶等。

㊵ 平阳黄汤怎么区分等级？

平阳黄汤主要以采摘嫩度为基准，结合品质表现定等级。

分级	外形	汤色	香气	滋味	叶底
特级	细紧嫩黄	杏黄明亮	嫩香持久，带明显嫩玉米香	甘醇爽口	细嫩、嫩黄、明亮
一级	紧结嫩黄	杏黄明亮	嫩香持久	鲜醇爽口、回味甘	嫩匀成朵、嫩黄明亮
二级	尚紧结、嫩黄	杏黄、尚明亮	清纯略甜香	尚鲜醇爽口	嫩尚匀、尚嫩黄明亮

41　平阳黄汤黄芽茶1公斤大约多少个芽头？

单芽，大约8万~10万个芽头制成1公斤的平阳黄汤。各茶园因品种、栽培管理措施、采摘时间等不同而略有不同。

42　有哪些平阳黄汤制茶工匠？

平阳县涌现了大量制茶工匠，以黄汤制茶大师钟维标为典型。他在20世纪90年代初依靠本地丰富资源，大力发展名优茶。三十多年来，他专注制茶，致力于平阳县历史名茶"平阳黄汤"的恢复性研究工作。他在总结前人传统制作技艺基础上，创新了"九烘九闷"闷黄工艺，使平阳黄汤的加工工艺更完善，品质更好。他制作的平阳黄汤获得各类茶事大赛金奖、特别金奖20多个；2016年评为温州市非物质文化遗产黄汤茶制作技艺传承人；2017年CCTV-7"乡土"栏目组来平阳拍专题片《一杯黄汤品平阳》，专门拍摄他制作平阳黄汤的传统加工技艺；2020年他被中国茶叶流通协会授予"国茶工匠—中国制茶大师"称号，全国黄茶类获此荣誉的仅3人；2016年被全国茶叶标准委员会聘请为全国茶叶标准委员会黄茶工作组成员，参与黄茶国标制定。

钟维标手工制茶（洪玉畅　摄）

第三篇

冲泡及茶艺

43 平阳黄汤冲泡的适宜水温是多少度?

一般的课程或书籍里对黄茶的冲泡建议都是90℃左右,原因是嫩度较高,高温冲泡容易有熟闷味,原料稍粗可适当提高冲泡温度。有一个冲泡技巧:低温冲泡的平阳黄汤更甜醇,高温冲泡的平阳黄汤更香,浓度高。

44 选择什么水冲泡平阳黄汤为宜?

关于泡茶用水,从古到今的实践证明:泉水泡茶的效果最好;其次是洁净的雨水、雪水、江河水、自来水及井水(一般城市井水属碱性,不适于泡茶);最差的是池塘水和盐碱地区的苦咸水。目前一般城镇生活用水多为自来水,水中含有消毒残存的氯,泡茶前,最好将其贮放一夜,使氯气大部分挥发后再煮沸泡茶较好。茶友一般选择矿泉水冲泡,建议使用娃哈哈、农夫山泉等知名品牌矿泉水冲泡平阳黄汤。

45　用什么茶器冲泡平阳黄汤为宜？

水为茶之母，器为茶之父。根据有关专家研究，选用茶具主要应着眼于蕴香育味。同时，也要尽可能考虑美感的要求。一般地说，在选择茶具时，一要看造型是否美观；二要看质地是否理想；三要看有无异味；四要看茶具密合度是否合适；五要看出水是否流畅；六要看重心是否合手。冲泡平阳黄汤，建议选用吸香性弱的玻璃、瓷器、金银器等器具，不建议用陶器、紫砂等材质的茶器来冲泡平阳黄汤。

46　如何冲泡平阳黄汤？

泡好一杯（壶）茶需要具备的条件：一是要了解各种茶类的特性，掌握好投茶量；二是选择适宜的水质，掌握好水的温度；三是要有合适的器皿，使茶与水的特质得到充分发挥；四是要根据各种茶类的不同特性，采用科学、卫生的冲泡技法。

玻璃杯泡法：取3g茶，150ml的90℃热水，用中投法冲泡3~5min，饮至三分之一时续水，续水2~3次。

盖碗工夫泡法：取5g茶，注入110ml的90℃热水，第一泡20s，第二泡15s，后每泡增加10s，可冲6~7泡。

煮茶法：取10g茶，注入1500ml冷水，煮至初沸，倒出三分之二茶汤，续冷水至1500ml煮第二道，可煮3道。

当然这三种饮法都各有利弊：玻璃杯泡法冲泡最便利，上投法较中投法香气明显，然而，冲泡时间长且茶水不分离，分茶时易倒入茶叶，给客人品饮造成不便；盖碗工夫泡法实现了茶水分离，也较好地保留了平阳黄汤的鲜爽和甜醇的口感，然而冲泡茶具和操作都相对繁琐，一旦客人人数多就冲泡不及；煮茶法既实现了茶水分离，也解决了快速多人品饮的问题，且茶汤颜色橙黄口感浓，缺点就是大大降低了平阳黄汤的鲜爽度，若原料嫩度高，不建议煮茶。

47 平阳黄汤的甜味从何而来？

平阳黄汤在闷黄过程中，茶叶内含物质在湿热条件下发生复杂的化学反应，促使酯型儿茶素发生水解，一些高分子的蛋白质和多糖发生水解，可溶性糖和游离氨基酸等成分的含量增加，使茶汤苦涩味降低而呈现黄茶特有的甜醇感。

48 **盖碗冲泡平阳黄汤时间多久为佳？**

泡茶的时间从10s到45s都为合理的时间范围，浸出物浓度与浓度呈正相关，亦与投茶量和时间正相关。不同人饮茶喜好的浓度差异较大，根据品饮者喜好而定。原则上还是提倡茶水分离：其一，充分体会每泡茶带来的感官感受；其二，通过控制每泡出汤时间使茶品质均匀一致；其三，更好地发挥茶的品饮和营养价值，茶水分离对茶汤色泽、滋味及营养成分的保留更有利。

49 **平阳黄汤茶叶越耐泡品质越好吗？**

首先我们要明白在茶叶审评中，耐泡度并不作为茶叶品质的评判标准之一。耐泡度高不知何时被偷换概念成为了"好茶"的伪标签。

耐泡度与采摘粗老程度和冲泡投茶量是相关的，越粗老的茶越耐泡，投茶量越大，看起来更耐泡，实际是投茶量大了，浸泡时间短带来的冲泡次数多的假象。

所以耐泡度不该成为我们追求的品质方向，好喝才是最重要的。

50 平阳黄汤茶艺表演代表作品有哪些？

这几年平阳黄汤创新茶艺作品很多，分科普宣传型、文艺情怀型、国学文化类型三种不同创新思路和表现形式。以收入《平阳黄汤创新茶艺设计思路及实例》和《浅析开放式舞台少儿茶艺创新思路——以平阳县"子久杯"首届少儿茶艺比赛为例》两部作品的创新茶艺为代表，参见附录3《创新茶艺范例》。

51 以平阳黄汤为主题的文艺作品有哪些？

以平阳黄汤为主题的文艺作品有黄平创作的音乐作品《黄汤恋曲》，张邦胜创作的辞赋作品《黄汤赋》，平阳县木偶戏团作品《平阳黄汤》，程作华创作的鼓词《黄汤情怀》，洪玉畅收集整理的《平阳茶文化拾遗》诗词、曲艺等文艺作品，以及伏茶与施茶会、婚俗、元宝茶、求子献茶等茶俗。参见附录4《茶诗》、附录5《茶歌》、附录6《茶赋》、附录7《茶俗》。

平阳黄汤茶艺（洪玉畅　摄）

茶园（洪玉畅　摄）

第四篇

品质及储存

52 平阳黄汤主要品质特征是什么？

平阳黄汤的品质概括为六个字"杏黄汤，玉米香"。平阳特早茶品种所制呈：干茶显黄、汤色杏黄、叶底嫩黄，具有嫩玉米香特性，简称"三黄一香"。

平阳特早品质特征"三黄一香"

53 平阳黄汤除具嫩玉米香外，还有哪些香型？

由不同茶树品种制作的平阳黄汤香型有细微差异，有偏甜香，偏嫩香者，民间称马蹄香、笋香、甘蔗香、粟米香等。

54 **平阳黄汤为什么会有玉米香?**

决定茶叶香气的因素很多,基本上我们可以分为茶树品种、地域环境、季节和工艺等的影响。茶叶的香气是不同因素综合作用的结果。玉米香是平阳特早茶品种经多次闷烘所制得的特殊香型,尤其嫩度高的易得嫩玉米香。另外茶的冲泡也能影响玉米香的呈现:盖碗或者玻璃杯上投法更易呈现玉米香。

55 **平阳黄汤闷黄温度和香气有无关联?**

茶的品质不是单一的因子决定的。温度与时间的组合是在一定条件下对香气有影响。闷黄温度高或时间过长都将导致闷黄过度、香气低沉、内质空乏。同理,温度过低或时间不足也将导致颜色偏绿、香气偏青、口感易有苦涩味。

56 平阳黄汤闷黄程度和茶汤颜色有何关联?

茶汤的颜色,讲求色度、明度、亮度。闷黄不足则色度不足,呈现黄绿色而非标准的杏黄色;闷黄过重则色度过重,呈现土黄或浅褐色,且明度、亮度均下降。

57 为什么说"高山云雾出好茶"?

高山能出好茶,是多种因素共同作用的结果。一是高山的植被比较茂盛,土壤有机质含量高,营养充足;二是高山云雾缭绕,空气湿度大,有利于芽叶保持柔嫩;三是高山日光辐射和光线的质量与平地不同,常常是漫射光及短波光较为丰富,有利于茶树氮素代谢,对茶叶品质有良好影响;四是高山昼夜温差大,白天温度高,光合作用强,积累有机物质多,晚间温度低,呼吸作用消耗少,有利于物质的积累。所以说"高山出好茶",高山茶味浓香高,耐冲泡。

"雾锁千树茶,云开万壑葱"。平阳黄汤采自平阳县南雁荡山脉上的茶园,那里气候湿润,土壤肥沃,森林密布,常年溪流潺潺、云雾缭绕,得天独厚的原生态条件,为平阳黄汤上乘品质奠定基础。

58 以朝南或朝北茶园所产鲜叶制作出来的平阳黄汤，品质哪个更好？

《茶经》中用一个经典的词"阳崖阴林"，对茶园的朝向、温度和光照作了很好的说明。阳崖，坐北朝南的山坡，既有充足的光照，又御北风之寒，相对来说较为温暖，有利于春季植物生长；阴林，则是对于茶本身光照需求特性的认识，认为茶喜林下的散射光，而强烈的直射阳光不利于鲜叶品质。《茶经》作者陆羽认为，茶者，"南者上""上者生烂石"，提出了"阳崖阴林"的说法。

而平阳作为亚热带海洋季风气候则与中原气候略有不同，南坡直射光多，北坡散射光更多且湿度大，在不遮挡的情况下北坡品质更好。关于散射光的作用，现代茶学中已经很好地进行了解释，主要涉及茶叶内氨基酸和咖啡碱的含量的变化，导致鲜味与苦味的不同。

59 哪个季节生产的平阳黄汤品质最佳？

茶叶一般分春茶、夏茶和秋茶，一般春茶质量最好。

春茶的品质特点有：一是滋味鲜醇，因茶树经过一个冬季的营养积累，养分充足，茶叶中有效成分的含量丰富；二是香气高，春茶季节气温相对较低，有利于芳香物质的合成与积累，所以，茶叶的香气较高。

夏茶的品质不如春茶，特别是绿茶尤为明显。因为夏季气温高，芽叶生长快，香气比春茶低，滋味比春茶差；再则夏季日照强烈，多酚类物质含量较高，形成苦涩味；又因夏茶的纤维含量高，叶肉薄，叶质粗而硬，因此，条索比春茶粗松。

秋茶的生长季节秋高气爽，有利于一些芳香物质的合成与积累，但终因生长期比春茶短，鲜叶内有效成分的积累相对要少，所以，香气滋味都较春茶逊色。秋茶的叶肉、叶质与夏茶相似，条索也显粗松，如遇高温少雨，茶树水分平衡失调，往往出现芽头短小。秋茶总的品质水平低于春茶而优于夏茶。随着茶树品种的改进和工艺技术的提升，有些地区夏茶和秋茶的品质也很不错。

⑥⓪ 为什么有些人说平阳黄汤滋味"淡"？

初学者很容易概念不清，首先我们舌头的不同部位味觉的敏感性有所不同，科学的喝茶方式应该是：茶汤进入口腔，沿舌头绕一圈，让茶汤与舌面每个部分充分接触，然后舌尖顶住上颚用嘴巴吸气发出"咝咝"的声音，再用鼻子把气呼出去，最后再把茶汤吞下。这样的一系列动作更利于口腔鼻腔去捕捉香和味。大部分的茶小白把香和味不够刺激理解为"口感淡"，这里我们需要注意区分舌面刺激性和茶汤内含物丰富性的不同，重点理解："口感淡"≠浓度低。举个例子：淘米水是没有味道的或者说是淡的，而我们是能明确感受到淘米水是有内容有浓度的；与"淡"对应的专业术语是"浓"，它表达的是浓度即饱和度。人有时也会被视觉欺骗，举个例子：无颜色的饱和蜂蜜水与不饱和的红糖水，人会因为视觉缘故而以为红糖水更甜。总而言之，不要受视觉或刺激的欺骗，平阳黄汤是不刺激的、有浓度的茶汤，其实一点都不"淡"。

61 平阳黄汤的"不足"是什么？

黄茶最大的不足是："低调"，内质口感上属于温和不刺激的（不惊艳，但耐喝），现代人往往缺乏用时间探寻的耐性。品牌宣传上也是占着贡茶的名，没有贡茶的架子（价格亲民反而被认为廉价）。六大茶类的家族中五大类现在或曾经热热闹闹过，而黄茶始终秉持着不温不火的"低调"。

62 平阳黄汤可以长期存放吗？为什么？

平阳黄汤作为食品的一种，必须要有保质期，一般定为两年。因为茶叶有极强的氧化性、吸湿性、吸味性、怕光性，这都对保存提出了较高的要求。对于江浙这样的相对湿热地区，"存茶有风险，投资需谨慎"。

在良好的环境条件下，三年平阳黄汤茶饼以及一芽二叶散茶表现良好，而两年的平阳黄汤单芽就表现为茶汤内质相对品质下降。建议还是好茶及时品饮，毕竟每年茶树还是照样会发芽。

63 平阳黄汤怎么储存？

平阳黄汤芽茶宜在冰箱冷藏（常温储存一年鲜爽度下降明显，三年品质下降，陈味显），一芽二叶或饼茶在阴凉干燥处保存（目前只有五年的产品可供品鉴，表现良好）。

2018年平阳县人民政府与刘仲华院士团队签订科技合作协议，进一步研究平阳黄汤储存过程转化及功效分析，成果即将呈现。

64　平阳什么时候开始生产平阳黄汤茶饼的？

继普洱饼后，白茶饼又势不可挡地爆发，饼茶在保存和转化过程中的优势凸显。平阳作为福鼎的近邻，很早开始饼茶的试探。平阳县天韵茶叶有限公司和平阳县天润茶叶有限公司就是其中的先驱探索者。大约于2014年开始试做，2015年有少量产品上市。

65　平阳黄汤茶饼与散茶的区别是什么？

茶饼采用未经提香的散茶经蒸压而制成，压制成饼后，节约了空间，降低了运输成本，同时因为压制茶与空气的接触面积减少，降低了氧化的速度，更有利于储存和内质的转换。压制成饼也有不利的方面：消费者需要用茶针解茶或者掰开来才能冲泡，经蒸压后掰开解茶，则会导致叶底完整性差，美观度不高。

散茶体积更大，包装运输成本更高，品质转化更快，易变质，但品质鲜爽度更高，叶底更美观。

66 平阳黄汤茶饼是生茶还是熟茶？

生茶、熟茶是普洱茶中的概念。

生茶：采摘后经杀青、晒干并以自然方式发酵，茶性较刺激，放多年后茶性会转温和。

熟茶：鲜叶采摘杀青后经渥堆工艺制作而成的茶，以科学方法人为发酵使茶性温和。

平阳黄汤茶饼是将制作完成的平阳黄汤干茶经蒸压工艺制成饼形。从工艺说，平阳黄汤既不属于生茶，亦不属于熟茶。

67 平阳黄汤茶饼有收藏价值吗？

平阳黄汤制饼才仅仅八九年，从目前的表现来说，单芽品质后期表现欠佳，不建议压饼收藏；一芽二叶后期转化品质表现良好，具体品质变化规律还有待进一步观察和研究。

68 平阳黄汤茶饼和散茶原料一样吗？

茶饼是由散茶经蒸压制成的，如果用的是同一批次的茶，两者原料是一样的。

69 平阳黄汤有哪些工艺创新尝试？

平阳有企业做以下方面的探索：（1）将云南的老树叶片杀青后运回平阳，用黄茶工艺加工后制成茶品，去除了樟香和青气以及苦涩味，闷香显，口感醇和。（2）将武夷山岩茶品种经做青和杀青后运回平阳，用黄茶工艺加工制成成品，亦去除了苦涩味，花香馥郁，口感甜醇。（3）将黄金叶冬天经霜的叶片，用黄茶工艺加工制成茶品，甜醇而鲜爽。

70 平阳黄汤储存时间跟香气、滋味有什么关联？

单芽平阳黄汤目前还是提倡冷藏及尽快品饮。在常温环境中储存的平阳黄汤散茶随着时间的推移，香气逐渐下降，滋味方面鲜爽度逐渐下降，常温一年以上陈气显露，颜色发暗，内质逐渐淡薄，品质逐渐下降。

一芽二叶平阳黄汤较单芽耐储存些，香气滋味表现良好的时间约两年，转化表现最好的是一芽二叶以上的饼茶。随着时间的变化逐渐向甜药香转变。

71 平阳黄汤开包后多长时间内应把它喝完？

好茶是用来分享的。储存有风险，影响茶叶保存的条件包括阳光、氧气、温度、湿度。阳光直射和氧气接触会导致茶叶氧化；相较于低温冷藏，在高温或常温下会加快氧化速度，尤其是南方地区湿度过高，可能导致茶叶变质变味。因此，建议尽快喝完。

72 隔夜的平阳黄汤茶水能喝吗？

首先，我们要明确隔夜与不卫生不利健康之间不能画等号，而只是个约等号。什么意思呢？夏天早上八点泡了茶喝了一口，中午十二点喝发现已经馊了，冬天前一夜泡的第二天才喝仍香味依旧。这里有两个变化因素：温度、时间。这两者共同决定了营养流失的速度和细菌滋生的速度。同样是四个小时喝过一口和没喝过的两杯茶，其变质所需的时间亦不同。我们提倡的是科学饮茶，判定能不能喝的标准只有一个：茶是否变质。我们不应该喝细菌滋生、营养流失的茶，不论是否隔夜，只要未变质的茶是可以喝的。从营养角度来说，茶汤放置过久，其中的多酚类物质和维生素等物质会逐渐消失。从风味角度来说，茶汤放置过久，其中的微量的氨基酸、糖类等物质会成为细菌、霉菌滋生的养分，导致茶汤变质。

73 平阳黄汤有"茶气"吗？

"茶气"是饮茶文化中的术语，是指人在饮茶时，茶入体内，发生一番药理作用后给人带来的知觉感受。茶气的体感表现为肢体发热、出汗，体内激荡着一股热气，让人从内而外达到一种舒畅愉悦之感。也有人称打嗝、放屁、后背发热等体感也是由茶气带来的通透作用。不同人在茶气的感受中差异较大。从药理的角度说，不论什么"神茶"，都是要与你的身体相互作用才产生的体感。茶本身有一定促进代谢的作用，"体感足"不一定是茶很好的标志，而可能是你的身体有问题的提醒。从形而上的角度，在饮茶过程中天地人的和谐同频共振下产生难以言喻的愉悦感，像卢仝的"两腋习习清风生"，是身心的极致体验，这种体验可遇不可求。

74 平阳黄汤的品鉴和采买原则是怎样的？

茶叶的品鉴是一项系统工程，需要经过理论学习和实操的训练，培养味觉的灵敏性，通过大量品饮来建立各类茶品的数据库。鉴别是专业人士的工作，选购是消费者的权利。在茶品都安全科学的前提下，遵循"物无定性，适者为珍"的原则，寻找价位、茶性、品质与自身的经济承受能力、身体接受能力、口感喜好程度相匹配的茶品。

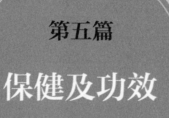

第五篇

保健及功效

茶鲜叶的主要成分有哪些？

茶鲜叶的主要成分主要有 8 种，它们是：（1）维生素❶；（2）咖啡碱，茶叶含有 2%~4%；（3）茶多酚，茶叶中含有 15%~30%，绿茶比红茶含量高；（4）茶多糖，茶叶中含量约为 3%；（5）蛋白质和氨基酸，茶叶中含有 2%~5% 的游离氨基酸；（6）碳水化合物，茶叶中的含量有 22% 左右；（7）类脂，茶叶中的含量为 2%~3%，包括磷脂、硫脂、糖脂和若干脂肪酸；（8）矿物质，以灰分计算，茶叶中含有 4%~6%，无机成分以 50% 的钾盐和 15% 的磷酸盐为主要成分，其次是钙、镁、铁、锰、铝等，另外还有铜、锌、钠、硼、硫、氟等微量成分，这些元素大部分是人体所必需的微量金属元素。

 平阳黄汤的功效有哪些？

平阳黄汤是黄茶的代表，是茶叶家族的重要成员。茶

---

❶维生素 A、D、E、K、B_1、B_2、B_3、B_5、B_6、H、C、P 和肌醇等，这些都是人体必需的维生素，其中 A、D、E、K 为脂溶性维生素，其余为水溶性维生素。

叶被唐代药学家陈藏器誉为"万病之良药"。在英国茶叶被称为"健康之饮，灵魂之饮料"。现代人更总结了"三消、三降、三增、三抗"的功效。（三消：消炎、消毒、消臭；三降：降血脂、降血糖、降血压；三增：增力、增智、增美；三抗：抗衰老、抗辐射、抗癌症。）平阳黄汤堪称"杯中黄金"。它富含茶多酚、氨基酸、可溶糖、维生素，保留有鲜叶中85%以上的天然物质。黄茶也有其个性突出的功能：2019年中科院院士、湖南农业大学博士生导师刘仲华教授，在北京全国黄茶的推介现场总结说：黄茶的功效为"养胃、护肝、防霾、抗癌"。2020年刘仲华院士的报告中又强调了黄茶的"润肺、养胃、降糖"这三方面的功能。平阳黄汤作为黄茶的重要一员也具有相应的功能。2021年刘仲华院士团队的论文《平阳黄汤对高脂饮食大鼠肠道屏障和肠道菌群的影响》研究表明：平阳黄汤可以显著降低高脂饮食大鼠的脂肪累积和血脂水平，调节肠道菌群紊乱，促进与肥胖发生相关有益菌的增殖，抑制有害菌的生长，从而有效预防肥胖。

77 喝平阳黄汤是否有禁忌？

平时情绪容易激动或比较敏感、睡眠状况欠佳和身体较弱的人，晚上还是以少饮或不饮茶为宜。另外，晚上喝茶时要少放茶叶，不要将茶泡得过浓。喝茶的时间最好在晚饭之后，因为空腹饮茶会伤身体，尤其对于不常饮茶的人来说，会抑制胃液分泌，妨碍消化，严重的还会引起心悸、头痛等"茶醉"现象。经期、孕期、醉酒、病期等也不宜多饮茶。

78 平阳黄汤属于寒性的茶还是温性的茶？

茶叶的温寒性是根据发酵来分的，茶叶寒温与发酵程度关系较大，发酵程度越低，寒性越大；发酵程度越高，越偏温性。黄茶发酵度介于红茶和绿茶之间，兼具绿茶的鲜和红茶的养。黄茶属于轻发酵茶，是偏温性茶。

79 平阳黄汤每天适量饮用的标准是多少？

这要根据个人的年龄、工作性质、生活环境和健康状况区别对待：

（1）一般健康又有饮茶习惯的成年人，一日饮茶10~15克（每次泡3~5克）；

（2）从事体力劳动的，消耗多，进食量大，一日饮茶15~20克，高温作业的则再适当增加；

（3）以牛羊肉为主食的，饮茶可帮助消化，防止脂肪和胆固醇过多累积，可视食肉量的多少而增加用茶量；

（4）对于身体虚弱或神经衰弱的，一日以3~5克为宜，尤其是空腹或夜间不宜饮茶，以防失眠；

（5）对从事经常接触放射线和在其他毒物污染环境中工作的人，一日可饮茶10~15克，以作自身保护。

80 从养生的角度，哪个季节最适宜喝平阳黄汤？

浙江大学王岳飞教授说：春饮花茶理郁气，且宜饮铁观音、普洱熟茶等；夏饮绿茶祛暑湿，宜饮白茶、黄茶、苦丁茶、轻发酵乌龙茶、生普洱等；秋品乌龙解燥热，宜饮红、黄、绿茶混用、绿茶和花茶混用；冬日红茶暖脾胃，宜饮熟普洱、重发酵乌龙茶。

黄茶属于轻发酵茶，在闷黄的进程中，产生了大量的消化酶，对脾胃最有好处，适宜消化不良、食欲不振者饮用。另外，黄茶尚有着极好的清热、生津、防辐射等功效。从养生角度来说，春、夏、秋季皆是喝平阳黄汤的好时节。

81 老人和儿童可以喝平阳黄汤吗？

这个问题的答案肯定是可以喝。喝平阳黄汤对老人非常有好处：黄汤具有明目作用。得益于茶叶中含有较丰富的维生素C，能避免老年人白内障的发生；茶叶中的胡萝卜素转化为维生素A，参与视黄醛的形成，能增强视网膜的辨色能力，帮助儿童视力发育。对于儿童，茶叶中的氟和茶多酚类化合物具有防龋齿、防口臭作用，长期适量饮用黄汤对消化不良、食欲不振等问题有改善作用。

老人和儿童饮茶有以下事项需要注意：

高血压患者、儿童不宜喝浓茶。高血压患者若饮过多过浓的茶，由于咖啡碱的兴奋作用会引发血压升高，不利于健康。因为浓茶中茶多酚含量太多，易与食物中的铁发生作用，不利于铁的吸收，易引起儿童的缺铁性贫血。儿童可以适量喝一些淡茶（为成人喝的茶浓度的三分之一）。

82　平阳黄汤对胃有什么作用？

平阳黄汤茶性温和，茶汤不刺激肠胃，长期饮用可起到养胃、护胃的功效，还对改善消化不良、食欲不振等有良好的效果。有动物模型分析表明，一定浓度的黄茶具有良好的胃损伤预防效果，高浓度的平阳黄汤比低浓度的平阳黄汤能更大程度上降低血清促炎症细胞因子的水平。

83　一泡平阳黄汤茶能冲泡几次？

影响冲泡次数的因素不是单一的：器具、投茶量、茶水比、浸泡时间等都会影响茶的冲泡次数。还有一个核心要素就是人，饮茶人的口感决定了茶的浓淡和浸泡时间及次数。冲泡方式详见第46题的解答。

84 平阳黄汤茶能否和其他非茶物质一起泡饮?

可以。在口感搭配上有一句谚语"甜配绿,酸配红,瓜子配乌龙"。黄茶发酵度介于红茶和绿茶之间,黄茶可兼容甜和酸的系列口感,如加薄荷叶(清新提神)、柠檬片(增加维生素C)、蜂蜜(增加维生素和甜味)、菊花(降火)、红枣(补血)、食盐(提鲜)等等,增加营养和风味。

85 刚制作出来和放一段时间后的平阳黄汤哪个品质更佳?

这里的一段时间是指多久?如果是指一两年,那肯定是新茶好喝,如果是一两个星期,还是后者好喝。刚制成的茶难免带着火的燥感,多饮会导致上火。一般茶叶制成到精制到包装上市也已是一两周后,茶已经回归平和。一般消费者也是难有机会接触到新制茶,提倡普通消费者及时品饮茶品。

第六篇

市场及政策

平阳黄汤的市场主要在哪里？

历史上平阳黄汤的市场集中在北京、天津、营口等北方城市。随着物流、包装和保鲜技术的提高，茶叶的销售范围越来越大，逐步突破原来的地理区域限制，现在销往全国各地，在天猫、京东等网络平台均有销售。

87 适饮平阳黄汤的人群主要是哪些？

平阳黄汤因茶性温和、浓而不涩，厚而甜醇，适饮人群广泛。根据浙江大学王岳飞教授关于喝茶与体质的研究表明：阴虚体质、湿热体质都宜多喝黄茶。

阴虚体质：内热，不耐暑热，易口燥咽干，手脚心发热，眼睛干涩，大便干结。湿热体质：湿热内蕴，面部和鼻尖总是油光发亮，脸上易生粉刺，皮肤易瘙痒。常感到口苦、口臭。

黄茶跟绿茶的品质有什么区别（以平阳黄汤和雁荡毛峰为例）？

黄茶由绿茶工艺演变而来，因鲜叶杀青、揉捻后干燥不足或不及时，而产生非酶性氧化，使茶叶呈黄叶黄汤特性。所以黄茶与绿茶是最接近的，也是最难区分的茶类。下面我们从外形、汤色、香气、滋味、叶底这五因子进行黄绿茶区分。

首先我们进行干茶颜色比较：平阳黄汤干茶显黄，注意这里的黄不是橘黄、金黄，更不是柠檬黄，而是相较于绿茶的显黄，毛峰干茶嫩绿（外形和显毫情况不作比较）。

汤色方面：平阳黄汤茶汤呈杏黄明亮；毛峰茶汤呈嫩绿明亮。

香气方面：平阳黄汤似玉米香；毛峰似兰花香。平阳黄汤滋味浓而不涩，厚而甜醇，生津不明显；毛峰滋味醇爽，生津回甘。

叶底方面：平阳黄汤叶底嫩黄；毛峰叶底嫩绿。

当然还有一类茶也需注意分辨：陈年绿茶。虽然陈绿茶也会呈现"黄叶黄汤"的情况，但稍微仔细观察就不难发现陈茶干茶色泽枯暗不润；汤色黄褐浑浊；香气低浊，有陈气；滋味欠醇；叶底色暗黄，不舒展。

平阳黄汤茶是有机产品吗?

根据国际有机农业运动联合会（IFOAM）的基本观点和标准，有机食品（茶叶）要符合以下三个条件：（1）有机食品（茶叶）的原料必须来自有机农业的产品（有机产品）。（2）有机食品（茶叶）的原料是按照有机农业生产和有机食品加工标准而生产加工出来的食品（茶叶）。（3）加工出来的产品或食品（茶叶）必须经有机食品（茶叶）颁证组织进行质量检查，符合有机食品（茶叶）生产、加工标准，颁给证书的食品（茶叶）。

根据 IFOAM 有机食品生产和加工基本标准和欧盟 EC2092/91 有机食品认证规定的要求，中国农业科学院茶叶研究所有机茶研究与发展中心（OTRDC）制定了有机茶颁证标准。现有两家生产平阳黄汤的企业通过有机认证。

平阳黄汤产品大约什么样的价位?

平阳黄汤整体定价比本地绿茶高，主要因为：（1）为了保证品质，一年只产一季春茶，产量少。（2）品种的芽头相对较瘦小，采茶工作量大，加工难度大，时间长，平阳黄汤需经多次闷烘，历时3~7天，人工投入大。（3）品质优异，市场稀缺，品牌附加值高，受双地标保护。当然，各家平阳黄汤产品的风格和定位不同，实际产品高中低三个档次都是很丰富的：高端单芽的价格4000~6000元/公斤，中端一芽一叶至一芽二叶初展的1200~4000元/公斤，后期采摘低端的1000元/公斤也有。

91 为什么市面上很少见到平阳黄汤？

黄茶的市场份额很少，全国2020年六大茶类统计中，黄茶占0.49%，平阳黄汤占比更低，市场占有率不高，因为消费需求、市场主体培育需要有个过程。这几年在平阳各级政府、协会、企业等多方的努力下，宣传力度不断加大，线上线下销售网络逐步完善，下图是官方打造的平阳黄汤网络平台链接（小程序"平阳黄汤文化平台"），包含黄汤文化、黄汤名企、黄汤商城、黄汤视频、黄汤新闻等模块。

平阳黄汤文化平台

92 工艺黄茶与品种黄茶如何区分？

黄茶是我国六大茶类之一，是通过加工过程中的"闷黄"工序形成的，特点是黄汤黄叶。由于闷黄工序，部分茶多酚因闷黄而氧化，所以黄茶没有绿茶那种刺激感，滋味醇和得多，比如平阳黄汤。目前市场上出现一种芽叶本身嫩黄色的黄叶茶，这是品种黄茶。品种黄茶是从大田群体品种茶园中采用单株选育方式选育出来的。在一般大田群体品种茶园中，由于外界各种因素，有时会引起茶树的芽变，长出黄白色的枝叶，把这种枝叶单独扦插繁育成一个新的品种，这就是品种黄茶的由来。所以工艺黄茶和品种黄茶不是同一个概念。在浙江，已选育的品种黄茶有中黄一号（天台黄茶）、中黄二号（缙云黄茶）、中黄三号（龙游黄茶）等。有的是整个芽叶在一芽二三叶前呈黄白色（如中黄二号）；有的是嫩叶叶片叶肉呈鹅黄色，而叶脉呈绿色（如中黄一号）。分析品种黄茶的生化成分有一些共同特征，氨基酸含量很高，都在6.5%以上，茶多酚大约在14.7%~21%之间。所以这种茶叶，口感特别鲜爽，茶味也浓。

93　符合哪些要求的产品才能叫平阳黄汤？

平阳地区所采新叶，在获得SC认证的厂家，经闷黄工艺而制成，品质达到地方操作规范要求的产品，被平阳县茶叶产业协会认可，获得"平阳黄汤"使用授权后可以使用"平阳黄汤"区域公用品牌。参见附录2《平阳黄汤主要生产企业》。

94 平阳黄汤产品市场推广的困难和机遇有哪些？

黄茶整体销售困境既有客观的"黄绿不分""体量小""制作工艺难""性价比"等原因，亦有"基础薄弱""营销不足""消费习惯"等主观原因。然而"好茶会说话"，平阳黄汤的品质就是最大的机遇。福鼎白茶作为后发展的小众茶类，十年前起步阶段应对的局面跟今天平阳黄汤面临的困境相似：其一，市场已被其他茶类占领，品质上被误认为口感"淡薄"，市场开拓难度非常大。其二，生产和销售企业规模小，具有发展保守，倾向于稳中求安的特性。这几年福鼎白茶风靡全世界，相信通过各方不断努力，福鼎白茶的今天会是平阳黄汤的明天。

95 平阳黄汤茶旅融合的亮点和特色有哪些？

平阳县茶文化氛围浓郁，旅游资源丰富，茶旅融合发展具备得天独厚的条件。"子久茶博苑—南雁荡山—平阳黄汤茶博园"茶旅游线路作为温州市茶旅线路的重要组成部分，已成功入选"浙江省十佳茶旅精品线路"。子久茶博苑是"浙江省十佳文化茶馆",南雁荡山是4A级景区,平阳黄汤茶博园获评3A级景区。平阳黄汤茶博园位于水头镇朝阳社区新联村,占地2538亩,分为综合服务区、畲族文化体验区、商务休闲区、养生度假区四个功能区。茶博园拥有"全国三十座最美茶园"之一的万亩观光茶园、省级标准化名茶厂、平阳黄汤非遗传承基地、平阳黄汤非遗体验馆、茶主题餐厅、民俗大舞台、茶民宿、茶培训基地等茶旅融合配套设施,吃、住、研、学、行都有良好体验,真正将茶产业和旅游产业有机融合,延伸平阳黄汤茶产业链,欢迎全国各地茶友们前来观光、品茗和休闲。

平阳茶园(洪玉畅 摄)

96 **平阳县政府如何扶持平阳黄汤产业发展？**

平阳县委、县政府高度重视茶叶产业发展，将茶叶产业作为重点农业主导产业来培育。从2016年开始，县财政每年安排1000万元专项资金用于扶持茶产业，重点用于"平阳黄汤"基地和品牌建设。近年来，还积极实施平阳黄汤茶一二三产融合和乡村振兴产业示范建设项目，新建和改造提升了一大批茶产业设施和设备；通过品牌扶持在杭州、温州区域等地开设了多家"平阳黄汤"品牌专卖店；到北京、天津、杭州等地进行"平阳黄汤"茶叶推介活动；组团参加全国各地展会，助推平阳茶叶走出去；组织茶叶企业参加国际、国家重大茶叶赛事，获得各类茶叶评比金奖等奖项100余个；积极扶持和引导乡镇、社区和企业发展茶叶全产业链，定期开展茶旅文化节等活动。平阳县先后获得"中国黄茶（平阳黄汤）之乡"和"中国茶文化之乡""中华文化名茶"三张国家级金名牌。

97 **平阳黄汤茶产业发展总体思路是什么？**

以市场为导向，以增加茶农收入为中心，在现有产业

基础上，充分发挥历史文化、品种资源和自然条件优势，
按照创建"中国黄茶之乡"和"中国茶文化之乡"的总体
战略目标，致力于文化兴茶、品牌兴茶、科技兴茶、旅游
兴茶、龙头兴茶，做好"茶叶、茶具、茶楼、茶叶店、茶
文化"的"五茶"文章，将平阳黄汤茶产业真正打造成为
平阳县效益农业的主导产业，提高茶产业经济、社会和生
态效益，促进农业增效和农民增收，助力乡村振兴和共同
富裕。

98 平阳黄汤是地理标志登记农产品吗？

2014年，平阳黄汤入选中华人民共和国农业部农产品
地理标志登记名录；2016年，获平阳黄汤地理标志证明商
标注册，平阳黄汤成为平阳县第一个双地标保护的农产品。
双地标的获得有利于用法律手段保护平阳黄汤的品牌效益
和商业效益。平阳黄汤地理标志农产品授权企业18家。

地理标志保护产品主要优势：（1）将产品、原产地、
产品质量这三个要素联系在一起，标示产品的地理来源。
（2）规范管理和授权，保证产品的质量，能够更受消费者
信任。（3）提升产品的附加值和市场竞争力。

99 目前平阳黄汤在网络营销方面做了哪些工作?

在互联网+茶叶的新零售模式下,根据年轻用户的消费需求,平阳企业进行了一系列的产品研发和升级。由浙江子久文化股份有限公司开发的"子鸣"牌平阳黄汤调味茶,在电商天猫渠道上线取得了业内名列前茅的市场成绩,后续还会继续在抖音、淘宝、小红书等各大渠道逐一去拓展,扩大平阳黄汤产品的互联网覆盖面,打破传统茶产品的固有形象,让更多消费者了解平阳黄汤。

100 平阳黄汤曾引起哪些媒体关注和报道?

平阳黄汤因优异品质,屡获国内外大奖百余项,受到社会各界的广泛关注和支持,央视、浙江卫视、上海卫视等国内知名电视台均有相关报道,如CCTV-7频道"乡土"栏目播放《行走魅力茶乡:一杯黄汤品平阳》大型茶乡纪录片。平阳黄汤多次亮相茗边头条、凤凰网、新浪网等网络媒体。2022年1月16日"平阳黄汤"品牌列车首发,启动了高铁媒体宣传,参见附录8《平阳黄汤主要荣誉》。

附录

附录1　平阳黄汤大事记

1. 清乾隆至宣统年间，平阳黄汤美名远扬，敬贡朝廷数量为浙江之最。

2. 2010年，平阳县农业局茶叶技术人员林平等人研发的"平阳黄汤茶叶加工工艺"获得国家发明专利。

3. 2012年，平阳黄汤加工技艺非遗传承人钟维标用"九烘九闷"创新制作传统名茶平阳黄汤。

4. 2013年中国国际茶文化研究会周国富先生为平阳黄汤题词：平阳黄汤 乾隆贡品。

5. 2014年，由平阳县农业局、平阳县质量技术监督局、平阳县茶叶产业协会共同起草的平阳县农业地方标准规范《平阳黄汤茶》出台。

6. 2014年，平阳黄汤入选国家农产品地理标志登记保护名录。

7. 2016年，平阳县在北京举办"情系京华 百年回归"平阳黄汤品牌系列推介活动，县委书记马永良亲自进京推介。

8. 2016年，平阳县水头镇新联村入选农业部认定的"第六批全国一村一品示范村镇（平阳黄汤茶）"，朝阳山茶园评为"2016年全国三十座最美茶园"之一。

9．2016年，平阳黄汤地理标志证明商标成功注册。

10．2016年，平阳天韵茶叶有限公司董事长钟维标获评温州市非物质文化遗产传承人。

11．2016年，世界旅游小姐大赛年度冠军赛在平阳举办，各国世界旅游小姐共同演绎平阳黄汤茶艺。

12．2017年，中国茶叶流通协会授予平阳县"中国黄茶（平阳黄汤）之乡"称号。

13．2017年，中央电视台7频道"乡土"栏目拍摄《行走魅力茶乡：一杯黄汤品平阳》大型纪录片。

14．2017年，平阳黄汤茶样被中国茶叶博物馆馆藏，同时入选中国茶叶博物馆名茶样库。

15．2017年，日本东京第13届爱护地球中国茶交流会上"平阳黄汤"作为日方指定分享茶品，受到中日茶叶专家一致好评。

16．2018年，平阳黄汤获"浙江省区域名牌农产品"称号。

17．2018年，平阳县成功举办中国黄茶·平阳黄汤文化节活动。

18．2018年，中国国际茶文化研究会授予平阳县"中国茶文化之乡"、平阳黄汤茶"中华文化名茶"称号。

19．2018年，中科院院士、湖南农业大学教授刘仲华与平阳县政府签订平阳黄汤技术攻关合作协议。

20．2018年，中国茶叶流通协会黄茶工作组（筹备）会议、全国茶叶标准化技术委员会黄茶工作组第一届第三次会议在平阳县昆阳镇召开。

21．2018年，"平阳黄汤"主产区朝阳山新联村平阳黄汤茶博园通过国家3A级景区验收评定。

22．2020年，融产、学、研为一体的平阳黄汤非遗体验馆建成并揭牌。

23．2021年，浙江省"平阳黄汤杯"评茶员职业技能竞赛在平阳成功举办。

24．2022年，平阳黄汤品牌专列首发。

附录2 平阳黄汤主要生产企业

名　称	联系人	联系方式（企业号）
浙江子久文化股份有限公司	苏永周	13758826698
浙江盈黄农业科技有限公司	胡茜茜	15157716990
温州市璇雷茶业股份有限公司	陈培璇	13868513095
平阳县天润茶叶有限公司	黄兆银	13575400588
平阳县雾乡茶叶种植专业合作社	李祖波	13606775078
平阳县益众绿色食品有限公司	林瑞将	13587996199
平阳县雪韵茶业有限公司	向立芝	18958951898
平阳县青湾茶场	蔡作界	13758805866
平阳县凤翔茶场	黄兆玮	13958920758
平阳县汉铁茶叶有限公司	赵汉铁	13695733762
平阳县龙蔚茶叶专业合作社	钟雪琴	15057790426
平阳县万瑞茶叶专业合作社	徐安定	15888510877
平阳县朝阳乡琪山茶场	赵东湖	13806616824
平阳县三吴茶叶有限公司	吴贤庆	13676522440
平阳县智光塔茶叶种植专业合作社	卢立浣	13706635796
平阳县钱山茶叶种植专业合作社	吴友龙	18906669533
平阳县浮茗家庭农场	兰江平	13868863689
平阳县仰天河茶场	魏起顶	13868518565

附录3 创新茶艺范例

金枝玉叶

叶丽琴

《金枝玉叶》作品以一个小姑娘吃茶叶的醋为引线，用祖孙三代人之间对话的形式，讲述了平阳黄汤的历史故事和冲泡方法。作品中的"金枝玉叶"既代表小姑娘，又指代平阳黄汤，把人与人之间的故事和情感交代清楚，并通过角色设定在表演中融入了平阳黄汤独特的"九烘九闷"的加工工艺，同时也将传统文化里的茶道和孝道结合起来烘托主题。茶艺表演中背景音乐的选配更有利于主题的表达，情感与文化的呈现。本茶艺节选《神人畅》《渔舟唱晚》《新生》三段音乐为背景，为不同的角色选择了三段风格迥异的音乐，配以现场语言对话，既有孩子的活泼，又有爷爷的平和，更有母亲的温柔。茶具选择方面主要考虑人物角色的设定而选择不同的搭配，三个采茶姑娘选用的是温州特产瓯瓷盖碗，单杯冲泡平阳黄汤，展示了温州本土茶具，并将温州的葛洪溪水与温州本土的茶叶完美组合。

妈妈的角色选用的是白瓷盖碗，采用功夫茶泡法来冲泡平阳黄汤，既符合情景设计中母子交谈品饮互动的氛围，又能很好地呈现平阳黄汤的色香味。爷爷这个角色则用制茶模型来呈现平阳黄汤独特的加工过程。

【孩子】妈妈说我是她的心肝宝贝，爷爷说我是他的金枝玉叶，可是遇上平阳黄汤，他们怎么都不理我了呢？

哇，看啊，看啊，茶发芽啦！妈妈常说新发的茶芽儿是她的心肝宝贝，又早，又好，又贵。你看，果然又专门去挑水，准备试新茶了。爷爷也是，一见这叶子就再也没空给我讲故事了！

【爷爷】傻孩子，来来来，爷爷一边做茶，一边给你讲讲这"金枝玉叶"的故事，好不好？

古邑平阳千年茶缘，芳木瑞叶，黄叶黄汤，经"九烘九闷"呈"黄绿笋状，嫩杏黄汤；玉米鲜香，黄金底样"，更曾是乾隆贡品，美名远扬。

从鲜叶到茶叶需经九烘九闷，历时3~7天，工艺是平阳黄汤这一金枝玉叶的品质核心，当然冲泡才是好喝的关键，让你妈妈跟你细说冲泡方法吧！

【妈妈】宝贝，到妈妈这里来，这泡茶呀讲究水、器、技艺。古人说："茶性必发于水，八分之茶遇十分之水，茶亦十分矣，八分之水试十分之茶，茶只八分耳。"妈妈现在取的是平阳仙坛山上的葛洪溪水，相传为东晋道教学者葛洪炼丹所取之水。这水清澈甘冽，矿物质丰富，极其适合冲泡黄汤。

"器为茶之父，水为茶之母"，妈妈现在用的是白瓷盖碗，它呀，既能留住茶叶真香，又不使茶有熟闷味。

这泡茶呀讲究"高冲低斟"。高冲是为了让茶叶充分受热，茶汤均匀浸出，低斟是为了尽可能地保留茶汤的香和味。

孩子，也许你现在不懂"茶的旗枪初展像混沌开，分阴阳，轮转更迭万物始苍苍"，你只要记着"好茶会说话，它会对你的心灵说有益的悄悄话"。我们来喝茶，好不好？

【孩子】好……喝茶喽，喝茶喽，喝平阳黄汤喽！爷爷请喝茶（乖），妈妈喝茶（乖）。（饮罢）嘘，嘘，妈妈、爷爷，我好像听见茶叶在跟我说话了，它说：只要我孝敬，知道对你们好，我和茶都是你们永远的金枝玉叶！对不对啊？（齐声答"对……哈哈哈"）

《金枝玉叶》现场照

子久瑞草

叶丽琴

　　《子久瑞草》茶艺作品，结合平阳黄汤的贡茶历史和葛洪溪水的典故，融入传统道家文化的无为精神来体现茶文化内涵。众所周知，平阳是一座拥有厚重文脉的千年古邑，文风鼎盛，物华天宝，人杰地灵，素有"东南小邹鲁"之美誉。《富春山居图》的作者，元代著名山水画家黄公望，字子久，就是浙江平阳人。平阳黄汤作为"黄公望家乡的茶"，极具水墨江南的家乡特质，突出体现"用家乡的名人念家乡的好，用家乡的水泡家乡的茶，用家乡的器载家乡的情"的主旨。本茶艺表演选用中国传统古筝名曲《云水禅心》，伴随着古筝叮叮咚咚的婉转乐音，如流水潺潺，竹林扶疏，泉石相映，天籁一般的绝妙之音营造出空灵悠远的意境，仿佛天地间只剩下云卷云舒，茶香袅袅，只剩下悠然自得、宁静空灵。

　　【子久瑞草】宋伊始，现芳木瑞草，与古邑平阳结千年茶缘。子久即黄公望，子久公厚爱的家乡茶汤，后成乾隆贡品，但历经几度更变湮没，今复再现，经九烘九闷呈"黄绿笋状，嫩杏黄汤；玉米鲜香，黄金底样"。

《子久瑞草》现场照

【仙坛鸣泉】"茶性必发于水，八分之茶遇十分之水，茶亦十分矣，八分之水试十分之茶，茶只八分耳。"泡茶用水正是平阳仙坛山上葛洪溪的水，相传为东晋道教学者葛洪炼丹所取之水。此水清澈甘洌，矿物质丰富，极其适合冲泡黄汤。"器为茶之父，水为茶之母"，瓯越大地孕育的厚重瓯瓷加上温州平阳仙坛葛洪水，实乃子久黄汤之天人合一之绝配。

【朝阳落日】晨昏阴阳，包罗万象，朝阳山上芽，倩影泛瓯华，正所谓"一瓯一世界，一叶一乾坤"，掀开帘纱，叙茶与盏的佳话。

【天清地宁】"有物混成先天地生，寂兮廖兮，独立不改，周行而不殆。"水流周复往来，渐行停注。少顷，水似青天渐澄明，叶似大地稳沉底，正可谓"天得一以清，地得一以宁"。

【神灵谷盈】清洌悠长是芬芳，拿起放下是永长。杏嫩的黄汤，似神允之灵动仙子，愿赐予金秋的平阳五谷丰盈，如这杯盏溢芳，让人心旷神怡。正如"神得一以灵，谷得一以盈"的和谐妙境。

【韵感通天】"为学日益，为道日损，损之又损，以至于无为，为无为而无不为。"愿嘉宾饮此，味轻醍醐；香薄兰芷，渐饮渐损至空杯，得享婴儿之未孩般真实，达韵感通仙灵之妙境。

旧技艺的新生命

叶丽琴

位于浙江南部东海之滨的平阳县，建县于西晋太康四年（公元283年），是一座拥有厚重文脉的千年古邑。文风鼎盛，物华天宝，人杰地灵，素有"东南小邹鲁"之美誉。平阳作为千年古城，历史悠久，文化丰富，其中最有代表性的就是非物质文化遗产木偶戏、鸡蛋画和平阳黄汤，当三者相遇，演绎的将是旧技艺的新生命。茶艺表演采用蛋画、茶艺和木偶戏三者同台展示，动静结合，静中有动。

在《高山流水》的背景音乐下，采用文案提前录制的方式进行解说：

平阳黄汤作为中国传统历史名茶，以"茶性温和，浓而不涩"而声名远播，更是曾经的乾隆贡品。然而随着时代的变革，曾一度淡出公众的视线，而在新时代的今天，平阳黄汤像破壳而出的新生命，迎来了全新的机遇和挑战。

平阳黄汤作为一个恢复型历史名茶，它的现状既有生机勃勃的一面，也有如蛋壳般脆弱亟待保护的一面。新生命让人欣喜，而因为脆弱也越发珍贵。每一个芽头都是历经"九烘九闷"的新生，每一道平阳黄汤都是天时地利人和的独一无二，不管是杏黄汤还是玉米香，都像这蛋壳画稍纵即逝而又飘渺变幻，也更加显得"杯中黄金"的难能可贵。

蛋画作为平阳本地的特色传统，现已列入世界非物质文化遗产。它通过色彩搭配、调和、衬托、对比，以及线条、图案的对称、呼应等艺术手法给人以丰富的想象和美感。尤其是平阳蛋画记录的平阳黄汤茶文化"串画"作品，其风格多为写意手法，线条简练粗犷，转折之处刚劲有力，施色鲜艳悦目，对比强烈，具有强烈的地方色彩和浓郁的乡土气息。

平阳木偶戏又称傀儡戏、木头戏，是浙江省温州市的传统民间艺术之一。其历史悠久，早在南宋时期平阳当地民间就有木偶戏。平阳木偶戏是以提线木偶为主，布袋木偶、杖头木偶、人偶为辅，是四位一体的综合木偶艺术。平阳木偶戏提线表演，细腻传神，技巧高超，自古及今，备受称赞。2008年被列入首批国家级非物质文化遗产名录扩展项目。

有"杯中黄金"之称的乾隆贡品——平阳黄汤，作为恢复型历史名茶，在时代更迭中涅槃，破壳而出，获得新生，生机勃勃。加上强烈地方色彩和乡土气息的世界非物质文化遗产平阳蛋画反映平阳黄汤文化，提线木偶讲述着黄汤与蛋画的故事。三者相互演绎，共同融合，既和谐一致，又相辅相成，寓意深远。

《旧记忆的新生命》现场照

附录4 茶诗

题宝积寺

方云翼（宋）

暂脱尘阛马足埃，
僧窗高卧白云堆。
青山影里春醒解，
黄鸟声边午梦回。
坐懒且推书册去，
吟清时唤茗瓯来。
要知门外无车辙，
十日新生一径苔。

答周以农

林景熙（宋）

一灯细语烹茶香，

云烟菲菲满石床。

万里梦魂形独在，

十年诗力鬓俱苍。

山空络纬悲秋雨，

水落蒹葭足夜霜。

未会漆园观物意，

酒阑犹发次公狂。

送林道会归平阳

王朝佐（宋）

研朱点易已多年，

洞底烟霞别有天。

千里漫来骑只鹤，

一官归去领群仙。

药炉暖养烧丹火，

茶灶晴分瀹茗泉。

安得尘襟都扫却，

相从细读悟真篇。

题余生山居

郑东（元）

野水流花涧，春云拂草亭。
地连桐柏观，人识少微星。
养鹤还知相，煎茶亦著经。
卜邻应未晚，休勒北山铭。

船屯渔唱

张綦毋（清）

女儿清明俱可怜，
蔡家山上摘茶香。
明朝待换新榆火，
小试旗枪斗煮泉。

泥皇阁品茗，赋赠阁主，兼呈同座诸君

黄溯初（近现代）

相携践约来高阁，细品茗茶慰所思。
半翁山泉煮活火，四时花气入清厄。
佳人几见如佳茗，好友还应赋好诗。
快意今宵逾得酒，不辞三碗沁心脾。

烹茶话旧

苏昧塑（近现代）

篱畔风凉日影斜，
烹壶清茗话桑麻。
人间多少枯荣事，
付与儿曹作鉴车。

试新茶

苏步青（近现代）

客中何处可相亲，
碧瓦楼台绿水滨。
玉碗新承龙井露，
冰瓷初泛武夷春。
皱漪雪浪纤纤叶，
亏月云团细细尘。
最是轻烟悠扬里，
鬓丝几缕未归人。

附录5　茶歌

采茶歌

蓝响时　曾小玲

男：正月采茶是新年，敲锣打鼓闹翻天；山茶苞眼正开芽，郎子出门到茶乡。

女：茶乡娘子情义重，正月酒筵摆中厅；要郎定饮三杯酒，饮了三杯再上山。

男：四月采茶茶叶长，双手采茶不停留；槐桑树下暂歇力，心里想念娇小娘。

女：四月采茶播秧田，槐桑树下来相见。劝郎莫去闲游玩，田水漂漂好插秧。

男：七月采茶热难当，垟中好田五谷香；罗帕手巾擦我汗，斗笠来扇小娘凉。

女：八月采茶秋风凉，我郎面前来思量；只怕后日难相会，风吹荷花隔水香。

男：十月采茶夜结霜，霜落山头草籽黄；连下三日清露水，日久在外思爹娘。

女：十月采茶叶结霜，要送小郎转回乡；约定明年再相会，青菜淡饭结同心。

拣茶歌

肖怀娥　唐升溪

正月时节拣茶时，白琳人客还未来；别处茶林无钱赚，白琳茶馆赚铜钱。

二月时节是春分，拣茶小妹即青春；寒热衣衫带两套，胭脂花粉带出门。

三月时节是春分，拣茶小妹路中行：若问白琳茶馆多少远？还要三日慢慢行。

四月时节四月天，拣茶小妹爱赚钱；骹穿一双钉鞋仔，手撑雨伞唔见天。

五月时节菖蒲开，要看拣茶小妹一双骹；双菖无塌地板内，目瞤无看手莽搓。

六月时节六月当，拣茶小妹办嫁妆；也办柴梳共刷篦，也办镜子照花容。

七月时节七月初，拣茶小妹爱彻鞋。老人要做纹浆布；后生要做红绸鞋。

八月时节八中秋，拣茶小妹即风流，人客叫我尽心拣，下直带我落福州。

九月时节九黑寨，拣茶小妹换衣衫；要换蓝衫黑托背，要换梅红裤仔红绸鞋。

十月时节十月冬，十担茶桶九担空；十担白茶落上海，温州花粉运到来。

十一月时节冬节边，人客留妹两日添；人客留妹做冬节，白糖撒圆甜又甜。

十二月时节是年边，人客算算无余钱；倚居白琳茶馆地，误了青春又一年。

请茶诗

陈南青　王高长

诗书难瞒孔夫子，茶诗难瞒自尊亲；请坐奉茶四个字，耳听茶诗表分明。

柴出温州青田山，温州城下出鲁班；鲁班师傅真正通，做起茶盘八角方。

内涂银，光亮亮，外涂漆，金琅琅，铜丝扎圈箍外过，江西茶杯放盘中。

桐油出在福安县，茶盘出在百里坊。油漆出在湖北省，铜丝出在广东城。

水桶出在泰顺县，茶杠出在青街山，水出贵池青龙井，茶出深山到处青。

茶出东方世闻名，清水泡茶味道清；男人挑水添福寿，女人泡茶福寿长。

走路口干饮口茶，吃了清茶凉全身，人客到来先泡茶，泡起清茶表表情。

黄汤恋曲

黄平

摘下一片嫩芽细细地思量，你浓缩了日月精华山水芬芳。

朝阳山灵秀的土地哺育了你，古老的山村编织出醉美的茶乡。

泡上一壶香茗慢慢地品茗，你美丽的故事温暖我的心房。

好园丁精湛的工艺铸造了你，小小的树叶成就了生命的辉煌。

从帝王贡品成为百姓家常，你演绎着世事沉浮人间沧桑。

品中华茶哟群芳争艳各领风骚，你独特的魅力让我沉醉梦乡。

黄汤情怀

程作华

（唱）：春雷催起雨前芽，雁荡仙境氲黄汤。"三黄"特征傲世立，贡品香惊帝王家。茶博会上获金奖，（拔头筹）名扬东南西北亚。（东西南北亚）九烘九闷显神秘，胜过人间百样茶。

（表）：各位，平阳县人杰地灵，名家辈出，元朝画界"四大家"之首的黄公望便是其中之一。他与家乡平阳黄茶有何渊源？请听唱词人慢慢与你道来——

（唱）：黄公子久住钱仓，出自凤山百姓家。后因皈依全真教，大痴道人成大家。

神笔挥就山居图，名扬四海登殿堂。人到晚年恋故土，落叶归根乡情浓。自从黄公还乡后，仙风道骨度年华。游遍家乡山和水，品尽瓯越红绿茶。有道是，茶道一味思奥妙，故留得，旷世名作传中华。那一日，他与老友论茶道，忽闻朝阳山上出神茶。色黄汤黄叶底黄，"三黄"闪闪发金光。黄公闻听心大喜，立即启程赴朝阳。只见他，草衣骑牛发如雪，笛声悠悠进雁荡。当家道长出观迎，礼待黄公入上座。朝阳碧水雁山炭，炉火通红烹新芽。当时节，一阵春风入茶座，清香散入百姓家。黄公越品越有兴，连饮三壶黄汤茶。顷刻间，升清降浊神气爽，鹤发童颜焕红光。扶案而起连声赞——

（白）：好茶！好茶！此乃茶中珍品也！

（接唱）：当场题名称黄汤。

（表）：诸位，据民间传说，黄公望大师赞罢黄汤神茶之后，还当即作画一幅，名曰《雁山访友品黄汤图》，可惜年代久远，早已失传。但黄公望品黄汤的美丽故事，至今流传在家乡平阳。

（唱）：唱罢古人唱当今，词中须提两个人。一位大名钟维标，研究古法茶艺新。为扬黄汤新文化，合作商界周拥军。强强联手兴产业，注册定"子久黄汤"品牌新。从今后，四大黄茶添异彩，历史永记大功臣。各位呀，黄汤可解热毒七十二，百病之药可健身。请君多把黄汤饮，肤骨清奇阳寿增。

（白）：各位，由于时间关系，今日《黄汤情怀》暂唱到此，诸君若有兴趣，请听下回《黄汤传奇》，保证各位闻所未闻，耳目一新。

（唱）：这真是，黄汤情怀乡情真，如今悠扬求古人。黄汤本是雁荡出，朝阳山上生态孕。葛溪仙泉黄汤茶，品高赢得亿万人。家乡风光无限好，绿水青山赛黄金。

附录6　茶赋

黄汤赋

张邦胜

人之道，贵笃志以行；茶之味，惜精制而品。故一箪一瓢，处陋巷独乐，贤哉回也；九烘九闷，对黄汤再赏，韵其神乎。看云雾缭绕朝阳山，峻也；有清芬弥漫早香茶，幸矣。考平阳茶事源远流长，《唐书》记斯名；黄汤香气历久弥新，乾隆征其贡。尝惜工艺失传，神龙不见首尾，茶界空留茶话；所幸河图再现，雪泥勤觅鸿爪，盛世颇有盛事。十年研制，终得汤色杏黄，时逾半个世纪，清亮犹然灿烂；一朝涅槃，但闻香气飘曳，梁绕三日氤氲，绵柔依旧芬芳。观其形，条索微毫，叶底成朵；品其味，醇和回甘，口中生津。遥想黄公望山且春居既久，正嚼茶养气，书画怡情；还念童子久浴并舞雩相望，与饮水枕肱，歌咏言志。一杯在手，万象罗胸。夜语益深，情怀转浓。

然则，名可名而非常名，茶为茶而非常茶也。具象恃物，不如化境随心；炫日曜名，但求返璞归真。茶品何分上下，相逢有缘，入口皆是佳茗；茶性岂较缓急，随遇而安，空杯亦识真味。若夫把盏酧酌，且漫从水性说人性；临窗啜饮，最好是茶道悟世道。面壁斗室之间，神游方寸之外。一张桌畔，几杯茶前。佛偈禅而道言气，儒尊礼而商重利。紫砂壶煮沸天人一体，玻璃杯透析世间百态。是故品茶者，交心也。

曲水流觞坐拥云起，杯盏茶心宜叩梦来。沸水冲处，或满或浅，看茶叶载浮载沉，浮沉去随波泡沫；热气生时，或浓或淡，任茶杯既举既放，举放尽过眼云烟。饮既久矣，渐入佳境。山阴道景多，举半壶清净茶，长拂拭轻尘悟镜明；桃花潭情深，放一颗平常心，更浮动暗香拈花笑。至若繁华散去，简朴归来，清凉世界，岁月静好。当此品茶最高境界，堪夸修身至善愿景。偕黄汤风情，明见心性，焕发精神；伴白驹永日，体悟时空，升华意念。若得红木桌置瓯窑杯，映衬韵味悠扬；石台阶引葛溪水，勾勒意态油然。则知客喜不自胜，洗盏更酌。茶乐如此，夫复何求。有苏子又曰：曾日月之几何，不知东方之既白矣。

子久赋

张奋

公望子久，平阳先贤。元代翘楚，画中右军。年少聪慧，称神童享誉乡里；及长好学，方弱冠延入公门。博通经史，旁及诸艺；通晓音律，兼擅诗文。中岁跌宕，堪破红尘；一心向道，皈依全真。悟道仙关，书成《丹经》妙论；逍遥烟霞，间或卖卜为生。从来炼丹吐纳，可培祥瑞之氤氲；探茗品啜，能化尘烦于冰清。万物并作，以观天地化育；一瓯独饮，尽谙世事浮沉。道法自然，茶蕴空明。人因茶润而长寿，茶助丹成以延年。外师造化，状摹如神，多赖钟灵雁荡；中得心源，逸迈不群，终成绝代画圣。水阁清幽，云间客舍捧盏气定；九峰雪霁，大痴道人烹茶神闲。而富春山居之巨作，素誉丹青之兰亭。每叹流传曾遭火厄，又嗟收藏再遇离分。所喜两岸合璧展出，皆赖总理大力促成。如今政通人和，四海升平；名作尤物，相辅相成。子久珍迹，名贯古今，已见证华夏文化之延续；子久佳茗，香飘中外，更亟待家乡茶人之传承。

伏茶与施茶会

"伏茶"相传始于南宋，盛于清朝。用解暑解毒、平肝降火的金银花、夏菇草、淡竹叶、荷叶等加茶叶熬制。三伏天吃伏茶成为平阳人生活习惯之一。

自古以来，平阳农村造亭施茶蔚然成风，并在民间有施茶会，专门负责此一公益。又像现在的"施粥亭"。平阳农村"茶亭"地名很多。通福门往坡南街行100米处，就有个茶亭遗址。

婚俗与茶

茶是民间婚俗中的重要聘物。明郎瑛《七修类稿》引《茶蔬》曰："茶不移木，植必子生，古人结婚，必以茶为礼，取其不移植之意也。"陈耀文《天中记》卷四十四"种茶"有解："凡种茶树必下子，移植则不复生，故俗聘妇比以茶为礼，义固有所取也。"可见，茶在民间婚俗中都有借物寓意，表达对婚姻吉祥美好的祝愿。结婚仪式上，新人要给长辈敬糖茶，这风俗至今盛行。

元宝茶

民间节庆强调隆重、热烈、祥和，节庆茶俗也以味香浓郁、寻找吉庆为基调。"元宝茶"是春天待客的一种汤茶。春节凡客人登门，必敬之以茶，并在茶中放两颗橄榄或金橘及桂花若干，表示新春吉祥如意。客人回礼，要赠与糖年糕一双和年糕制"金元宝"，以及瓯柑，寓意财源兴旺、吉祥平安、升官发财（平阳话："柑"与"官"谐音）。

求子献茶

孩子"献饭"要有茶：小夫妻结婚多年没生小孩子，长者会去寺庙帮他们"求子"，一旦来年得子，要到寺庙讨饭吃，即"献饭"。每逢农历初一、十五，长者自带米饭、茶点、茶到许愿的寺庙神灵前烧香，敬献后带回给小孩吃，以求神灵保佑孩子健康成长。

附录8 平阳黄汤主要荣誉

2013年　第三届中国国际茶业及茶艺博览会金奖

2013年　浙江农博会优质奖

2013年　浙江绿茶博览会金奖

2014年　第九届绿茶博览会金奖

2014年　第十届国际（捷克）名茶评比金奖

2014年　第四届全国武林斗茶大会一等奖

2014年　浙江省农博会金奖

2015年　第一届亚太茶茗大奖金奖

2015年　中茶杯特等奖

2015年　浙江绿茶博览会金奖

2016年　浙江绿茶博览会金奖

2016年　第十一届国际名茶评比金奖

2016年　上海世博会中国好茶叶评比金奖

2016年　第二届亚太茶茗大奖特别金奖

2017年　第三届亚太茶茗大奖特别金奖

2017年　"蒙顶山"杯中国黄茶斗茶大赛金奖

2017年　首届中国国际茶博会品鉴用茶

2017年　"中国好茶"评比金奖

2018年　温州早茶品牌展十大金奖

2018年　第十二届国际名茶评比金奖

2018年　"蒙顶山杯"斗茶大赛特别金奖

2018年　中国（上海）国际茶业博览会金奖

2019年　第四届亚太茶茗大奖特别金奖

2019年　"蒙顶山杯"第四届中国黄茶斗茶大赛金奖

2019年　第七届中国茶叶博览会金奖

2019年　中国（太原）第二届秋季茶产业博览会金奖

2020年　第九届国际鼎承茶王赛金奖

2020年　"蒙顶山杯"第五届中国黄茶斗茶大赛特别金奖

2020年　第九届海峡两岸茶文化节暨"鼎白"杯两岸春茶茶王擂台赛"黄茶茶王"

2020年　第三届中国（太原）秋季茶业博览会金奖

2021年　第六届亚太茶茗大奖特别金奖

2021年　"蒙顶山杯"第六届中国黄茶斗茶大赛特别金奖

2021年　中国国际茶文化博览会·永康展金奖

2021年　中国（青岛）北方茶博会黄茶类金奖